Ernst Probst

Wiehenvenator

Der Jäger
des Wiehengebirges

Widmung

*Dem „LWL-Museum für Naturkunde"
in Münster gewidmet,
das bei der Entdeckung,
Untersuchung und Beschreibung
des Raubdinosauriers
Wiehenvenator albati
eine wichtige Rolle spielte!*

Impressum:
Wiehenvenator
1. Auflage als Print-Buch: September 2019
Autor: Ernst Probst
Im See 11, 55246 Mainz-Kostheim
Telefon: 06134/21152
E-Mail: ernst.probst (at) gmx.de
Herstellung: Amazon Distribution GmbH, Leipzig
ISBN: 978-1-692-24893-2

Eingangsbereich des „LWL-Museum für Naturkunde" in Münster gegenüber dem Zoo.
Foto: Schuetze1988 / CC-BY-SA3.0 (via Wikimedia Commons), lizensiert unter Creative-Commons-Lizenz by-sa-3.0, https://creativecommons.org/licenses/by-sa/3.0/legalcode

Rekonstruktion des Kopfes von Wiehenvenator.
Zeichnung: Midiaou Diallo / http://midiaou.deviantart.com/art/
Wiehenvenator-albati-631778673 /
CC-BY-SA3.0 (via Wikimedia Commons),
lizensiert unter Creative-Commons-Lizenz by-sa-3.0.
https://creativecommons.org/licenses/by-sa/3.0/legalcode

Vorwort

Im Oktober 1998 entdeckte der Geologe Friedrich Albat, ein Mitarbeiter des „Westfälischen Museums für Naturkunde" (Münster), in einem Steinbruch des Wiehengebirges im Ortsteil Haddenhausen von Minden (Nordrhein-Westfalen) riesige Zähne. Bei anschließenden Grabungen bis Oktober 2001 unter Leitung des Paläontologen Klaus-Peter Lanser barg man Teile des Schädels, einige Wirbel, Rippen und Extremitätenknochen eines imposanten Raubdinosauriers. Der spektakuläre Fund wurde von den Medien als „Monster von Minden" bezeichnet. Die wissenschaftliche Untersuchung der fossilen Knochen und Zähne erfolgte durch die Paläontologen Oliver Rauhut, Tom R. Hübner und Klaus-Peter Lanser. Erst 18 Jahre nach der Entdeckung beschrieb das Forschertrio 2016 den Fossilfund aus dem Wiehengebirge und gab ihm den Namen *Wiehenvenator albati.* Der Originalfund ist im „LWL-Museum für Naturkunde" in Münster in der Dauerausstellung „Dinosaurier – Die Urzeit lebt!" zu sehen. Die Geschichte der Entdeckung und Erforschung des ersten Raubdinosauriers aus der Mitteljurazeit in Deutschland vor mehr als 160 Millionen Jahren wird in dem Taschenbuch „Wiehenvenator: Der Jäger des Wiehengebirges" ge-schildert.

*Lebensbild des Raubdinosauriers Wiehenvenator albati,
geschaffen von dem Paläo-Künstler Joschua Knüppe aus Ibbenbüren.
Zeichnung: Joschua Knüppe /
http://dinodata.de/art/knueppe/joschua_knueppe.php*

Inhalt

Die Zähne und Teile des Oberkiefers von Wiehenvenator albati
waren bei der Ausgrabung bereits im Sediment gut erkennbar.
Foto: LWL-Museum für Naturkunde/Albat

Wiehenvenator

Der Jäger des Wiehengebirges

„Schon wieder eine Auster", vermutete der Geologe Friedrich Albat, als es am 14. Oktober 1998 bei einer Routinebegehung in einem Kalksandsteinbruch des Wiehengebirges unter seinen Stiefeln verdächtig knirschte. Doch als der damalige Mitarbeiter des „Westfälischen Museums für Naturkunde" (Münster) genau hinsah, staunte er. Denn er war auf drei fast 20 Zentimeter lange Zähne eines riesenhaften Raubdinosauriers gestoßen. Bei der Fundstelle handelt es sich um einen stillgelegten Steinbruch nahe der Lutternschen Egge im Ortsteil Haddenhausen der westfälischen Stadt Minden. Die Lutternsche Egge ist ein 256 Meter hoher Berg im Wiehengebirge, das im wesentlichen aus Gesteinen der Mittel- und Oberjurazeit besteht. Der Name Lutternsche Egge wurde von der kleinen Siedlung Luttern am Nordhang des Berges abgeleitet. Wie fast alle Berge im Wiehengebirge ist die Lutternsche Egge durch einen langgestreckten Kammgipfel (Egge) und von den anschließenden Gipfeln durch Pässe (Dören) getrennt.
Sofort erklärte man den Sensationsfund vom 14. Oktober 1998 zur „Geheimsache Dino Minden" und verhängte hierüber eine Nachrichtensperre. Über die spektakuläre Entdeckung und den genauen Fundort herrschte Stillschweigen, um ungestört eine Grabung vornehmen zu können und Raubgräber fernzuhalten. Der exakte Fundort im Wiehengebirge ist auch heute noch unbekannt.
Die erste Grabung des „Westfälischen Museums für Naturkunde" in Münster unter Leitung des Paläontologen Klaus-

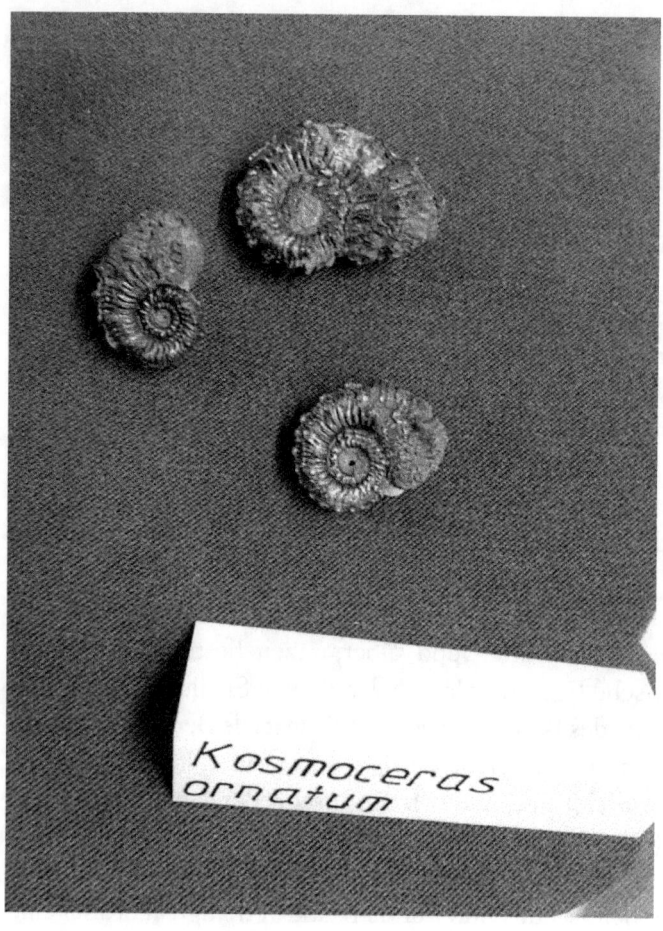

Ammoniten der Art Kosmoceras ornatum,
nach denen der Ornatenton benannt ist,
in dem die fossilen Reste des Raubdinosauriers
Wiehenvenatur albati im Wiehengebirge gefunden wurden.
Foto: Chillibilli / CC-BY-SA4.0 (via Wikimedia Commons),
lizensiert unter Creative-Commons-Lizenz by-sa-4.0-en,
https://creativecommons.org/licenses/by-sa/4.0/legalcode

Peter Lanser wurde durch die starke Hangneigung erschwert. Früh einsetzendes Winterwetter mit Schneefall zwang bereits Mitte November 1998 zur Einstellung der Grabung, die man im Frühjahr 1999 wieder aufnehmen wollte.

Fünf Monate nach der Entdeckung des Raubdinosauriers im Oktober 1998 durch den Geologen Friedrich Albat erfuhr die einheimische Bevölkerung durch die Lokalpresse von dem Sensationsfund im Wiehengebirge. Am 23. März 1999 stand im „Mindener Tageblatt" ein Artikel mit der Überschrift „Saurierreste im Wiehen gefunden". Darin war von einer Sensation die Rede. Paläontologen hatten damals einen Teil des Kiefers, einen 18 Zentimeter langen Schneidezahn und einige Schwanzwirbel des Fleischfressers aus der Mitteljurazeit vor mehr als 160 Millionen Jahren präsentiert.

„Spiegel Online" veröffentlichte am 22. März 1999 den Artikel „Godzilla im Schlick" von Matthias Schulz. Darin hieß es, bereits am 14. Oktober 1998 sei der herausgewitterte Schädel der Echse bei einer Routinebegehung des Geländes entdeckt worden. Der Entdecker habe plötzlich auf einem „knirschenden Saurierschädel" gestanden. Blockweise sei das schräg im Erdreich liegende Skelett aus dem Gestein gebrochen und ins Labor verfrachtet worden. Rippen, Wirbel, Fußwurzelknochen und ein Wadenbein hätten die Präparatoren freilegen können. Doch Schneefall habe die Bergung des „Godzillas aus dem Wiehengebirge" gestoppt. Der Raubdinosaurier sei etwa zwölf Meter groß gewesen, womit man die Länge meinte.

Im Mai 1999 erschien in „Paläontologie Aktuell", dem Mitteilungsblatt der „Paläontologischen Gesellschaft", eine kurze Nachricht mit der Überschrift „Der Fund eines Carnosauriers im Wiehengebirge". Darin berichtete Klaus-Peter Lanser, im Rahmen einer längerfristig angesetzten Prospektion seien von einem Mitarbeiter des „Westfälischen Museums für Natur-

Paläontologe Raymund Windolf (1953–2010),
der zusammen mit dem Wissenschaftsautor Ernst Probst
das Buch „Dinosaurier in Deutschland" (1993)
veröffentlichte.
Foto: Privatarchiv Ernst Probst

kunde" im Ornatenton des mittleren Jura, im dem man schon an verschiedenen Stellen vereinzelte Reste von marinen Reptilien fand, Skelettreste eines Carnosauriers („Fleisch-Echse") entdeckt worden. Durch Blockbergungen konnten Teile des Schädels, einige Wirbel, Rippen und Extremitäten-knochen geborgen werden. Der erwähnte Ornatenton ist nach dem Ammoniten *Ammonites ornatus* (heute: *Kosmoceras ornatum*) bezeichnet.

Das „Mindener Tageblatt" informierte am 9. August 1999 über den Verlauf der Grabungen am Fundort des Raubdinosauriers. Es hieß, weitere Teile seien bis dahin nicht entdeckt worden. Außerdem schilderte der Geologe Friedrich Albat seine Entdeckung vom Oktober 1998. Albat hatte im Weser- und Wiehengebirge viele Geländeuntersuchungen vorgenommen. Der Geologe Detlef Grzegorczyk aus Münster teilte im November 1999 in „Paläontologie Aktuell" mit, das „Westfälische Museum für Naturkunde Münster" habe 1999 im Steinbruch Lutternsche Egge im Wiehengebirge bei Minden eine systematische Grabung nach Skelettresten eines Carnosauriers durchgeführt. Da die Fundstelle als Wirbeltier-Lagerstätte eine besondere Bedeutung habe, sei der Steinbruch am 29. April 1999 nach dem Denkmalschutzgesetz von Nordrhein-Westfalen als paläontologisches Bodendenkmal in die Denkmalliste der Stadt Minden eingetragen worden. Wegen der ausgedehnten Aufschlussverhältnisse solle die Grabung bis auf weiteres auch im Jahre 2000 weitergeführt werden.

Im November 1999 erschien in der deutschen Ausgabe von „National Geographic" ein Artikel des Paläontologen Raymund Windolf (1953–2010) mit der Überschrift „Jurassic Park Deutschland" über den neuen Fund eines Raubdinosauriers im Wiehengebirge. Darin hieß es, eine komplette Rippe jenes Tieres sei eineinhalbmal so groß wie die eines *Allosaurus*

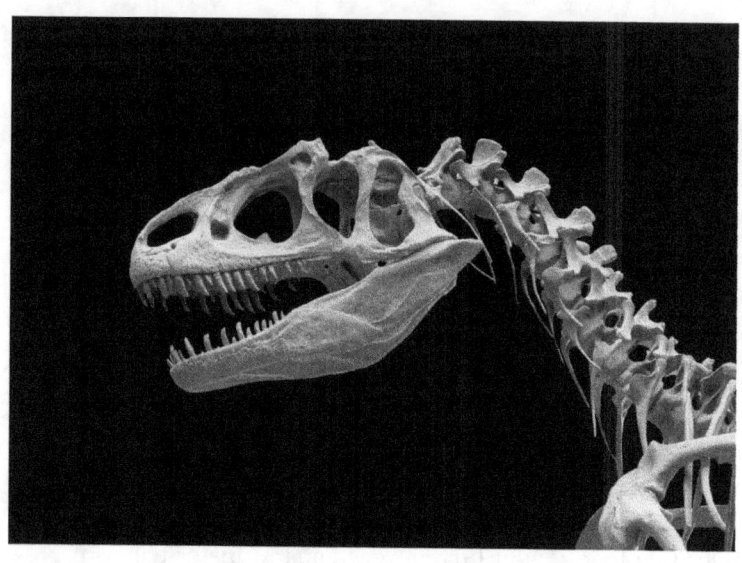

Schädel von Allosaurus im „Muséum national d'histoire naturelle"
in Paris, Foto: Jebulon (via Wikimedia Commons),
Lizenz: gemeinfrei (Public domain)

Amerikanischer Paläontologe
Othniel Charles Marsh
(1831–1889).
Foto: Library of Congress
Prints and Photographs
Division, Washington D.C.,
Brady-Handy Photograph
Collection,
Digital ID: cwph 04124

(„Andersartige Echse"). Jener aus Nordamerika und Südeuropa bekannte Raubdinosaurier wurde 1877 durch den amerikanischen Paläontologen Othniel Charles Marsh (1831–1889) erstmals beschrieben. Seinen Gattungsnamen verdankt *Allosaurus* der Tatsache, dass seine Wirbelknochen anders als die bis dahin bekannten Dinosaurierwirbel gestaltet sind. Außerdem erfuhr man, der Zahn des Raubdinosauriers aus dem Wiehengebirge solle mit Wurzel eine Länge von etwa 30 Zentimetern haben. Insgesamt solle das riesige Tier etwa 15 Meter lang gewesen sein, womit es der bisher größte in Europa gefundene Raubtierfußdinosaurier (Theropode) wäre.

Die amerikanische Amateur-Paläontologin Mickey Mortimer aus Seattle, Autorin des „The Theropod Database Blog", gab später als Gesamtlänge des Raubdinosauriers aus dem Wiehengebirge sieben bis acht Meter an. „Dinodata.de" erwähnte eine Länge von acht Metern, eine Höhe von zwei Metern und ein Gewicht von 1,3 Tonnen.

Im Mai 2000 meldete sich Klaus-Peter Lanser erneut mit einer Nachricht in „Paläontologie Aktuell" zu Wort. Er schrieb, die bereits 1998 aufgedeckte Fundsituation konnte nicht mehr erweitert werden. Die Hoffnung, unterhalb einer hangenden Sandsteinbank (Heersumer Schichten des Malms) weitere Fossilien anzutreffen, habe sich nicht erfüllt. Offensichtlich seien im Laufe der Jahre wesentliche Skelettelemente an der Oberfläche verwittert und bedingt durch die starke Hangneigung in den Schuttfuß des Aufschlusses abgerutscht. Darauf deute auch der Fund von Wirbelkörpern hin, die durch einen Fossiliensammler bereits vor mehreren Jahren im Schuttfuß ca. 15 Meter östlich unterhalb des 1998 ausgegrabenen Vorkommens geborgen worden waren. Der Sammler war durch Presseartikel auf die Grabungsaktivitäten des „Westfälischen Museums für Naturkunde" aufmerksam geworden. Dadurch

Fragment vom Oberkiefer des Raubdinosauriers
Wiehenvenator albati aus dem Wiehengebirge in der Dauerausstellung
„Dinosaurier – Die Urzeit lebt!"
im „LWL-Museum für Naturkunde" in Münster.
Foto: LWL-Museum für Naturkunde/Thomas

habe er die Bedeutung seiner Funde erkannt und sie daraufhin dem Museum zur Verfügung gestellt. In Fortsetzung der Geländeuntersuchungen sei im Herbst 1999, kurz vor Abschluss der Grabungskampagne, ein weiterer Nachweis eines Raubtierfußdinosauriers (Theropoden) in diesem Aufschluss gelungen. Etwa 30 Meter westlich des ersten Fossilvorkommens fanden sich, sowohl im Anstehenden als auch im darunter befindlichen Verwitterungsschutt, Kieferfragmente. Die bislang geborgenen Zähne unterschieden sich in verschiedenen Merkmalen von denen des bereits 1998 geborgenen Exemplars. Die Grabungen an der neuen Fundstelle würden im Frühjahr 2000 fortgesetzt. Ebenfalls zu weiteren Grabungsaktivitäten werde ein Fund in einem Aufschluss wenige Kilometer entfernt führen. Hier fanden sich bei einer Geländebegehung neben einigen Wirbeln das „proximale Ende der Tibia eines Omithischiers". Das „Westfälische Museum für Naturkunde" bemühe sich derzeit, zusätzlich zu einem bereits in die Denkmalliste eingetragenen Bereich, weitere Fossilvorkommen auf dem Kamm des Weser-Wiehengebirges unter Denkmalschutz stellen zu lassen. So sei hoffentlich der Schutz der neuen Fossilvorkommen und ihr Erhalt für die Forschung gewährleistet.

Die bei den Grabungen im stillgelegten Steinbruch im Wiehengebirge geborgenen Knochen und Zähne des Raubdinosauriers wurden in der LWL-Werkstatt in Münster sorgfältig präpariert. Jene Fossilien befanden sich in Meeresablagerungen. In der Mitteljurazeit bedeckten Meere weite Teile von Mitteleuropa. Nach Ansicht der Paläontologen, welche die fossilen Reste des Raubdinosaurier untersuchten, hat dieses Tier auf einer Meeresinsel gelebt.

Die Grabungen des „Westfälischen Museums für Naturkunde" im Steinbruch auf der Lutternschen Egge fanden im Oktober

Paläontologe Professor Dr. Oliver Rauhut,
einer der Erstbeschreiber des Raubdinosauriers
Wiehenvenator albati.
Foto: Privatarchiv Professor Dr. Oliver Rauhut

2001 ein Ende. Klaus-Peter Lanser bedauerte: „Wir hätten gerne weiter gemacht, doch wir mussten die Grabung aufgeben, da uns eine wichtige Fundstätte im Sauerland dazwischen kam".

Damit war ein Dinosaurierfriedhof in einem Steinbruch bei Balve gemeint, in dem ab 2002 Grabungen erfolgten. Im Sommer 2016 hatte das „Monster von Minden" endlich einen wissenschaftlichen Namen. Es hieß nun *Wiehenvenator albati* („Albats Wiehen-Jäger"). Der Gattungsname *Wiehenvenator* heißt zu deutsch *„Jäger des Wiehengebirges"* und der Artname *albati* erinnert an den Entdecker Friedrich Albat. Die erste wissenschaftliche Beschreibung und Namensgebung erfolgte durch die Paläontologen Oliver Rauhut, Tom R. Hübner und Klaus-Peter Lanser in „Palaeontologia Electronica". Die Gattung *Wiehenvenator* gehört zur Unterklasse Dinosauria, der Unterordnung Theropoda, der Überfamilie Megalosauroidea und Familie Megalosauridae.

Das im Wiehengebirge gefundene Exemplar von *Wiehenvenator* war nach Erkenntnissen der drei Erstbeschreiber ein Jungtier mit einer Länge von etwa acht bis neun Metern. Diese Größenangabe beruht auf Vergleichen mit dem nah verwandten Raubdinosaurier *Torvosaurus* („Wilde Echse") aus der Oberjurazeit vor etwa 154 bis 147 Millionen Jahren mit einer Länge von neun bis elf Metern und einem Gewicht von schätzungsweise zwei Tonnen. Der Körperbau von *Wiehenvenator* war stämmig. Die vorliegenden Überreste bilden kein vollständiges Skelett. Sie sind aber sehr gut erhalten und lassen anatomische Details erkennen, die eindeutig beweisen, dass es sich um eine bisher unbekannte Gattung und Art handelt.

Wiehenvenator war weltweit nicht der größte und deutschlandweit nicht der einzige Raubdinosaurier. Die Ehre, der größte Raubdinosaurier gewesen zu sein, gebührt dem 1915 von dem deutschen Paläontologen Ernst Stromer von Rei-

*Lebensbild des bis zu
18 Meter langen
Raubdinosauriers
Spinosaurus aegyptiacus,
dargestellt als an ein Leben
im Wasser angepasster
Dinosaurier und Fischjäger.
Zeichnung: Dmitry Bogdanov,
Chelyabinsk, Russland*

*Münchner Paläontologe
Ernst Stromer
von Reichenbach (1871–1952),
Foto: Stromer-Stiftung*

chenbach (1871–1952) aus Ägypten beschriebenen *Spinosaurus* („Dornen-Echse"). Dieser Riesenräuber mit einem 1,75 Meter langen Schädel und einem 1,70 Meter hohen Rückensegel übertraf mit bis zu 18 Meter Länge die Raubdinosaurier *Tyrannosaurus* („Tyrannen-Echse") und *Giganotosaurus* („Riesige Süd-Echse"), die beide maximal 13 Meter lang wurden.

In Deutschland kennt man die Raubdinosaurier *Liliensternus* (fünf Meter lang) aus der Obertriaszeit vor etwa 210 Millionen Jahren sowie die Raubdinosaurier *Compsognathus* (70 Zentimeter lang), *Juravenator* (80 Zentimeter lang) und *Sciurumimus* (72 Zentimeter lang als Jungtier, fünf Meter lang als erwachsenes Tier) aus der Oberjurazeit vor ungefähr 150 Millionen Jahren.

Der fragmentierte, verhältnismäßig flache und längliche Schädel von *Wiehenvenator* ist etwa einen Meter lang. Einige seiner bis zu 18 Zentimeter langen und zum Rachen hin gekrümmten Zähne haben ungefähr die Länge heutiger Bananen.

Wie *Allosaurus* aus der Oberjurazeit vor etwa 157 bis 145 Millionen Jahren und der 80 Millionen Jahre später in der Oberkreidezeit vor ca. 66 bis 65 Millionen Jahren auftretende *Tyrannosaurus* ging *Wiehenvenator* auf den Hinterbeinen.

Die Paläontologen Rauhut, Hübner und Lanser vermuten, dass *Wiehenvenator* auf Inseln im Meer lebte. Nach Ansicht von Rauhut gab es auf diesen Inseln eine große Bandbreite von zum Teil sehr großen Raubdinosauriern aus der Gruppe der Megalosauroidea. Das belegen Funde aus England, Frankreich und mit dem neuen Raubdinosaurier aus dem Wiehengebirge auch aus Deutschland. Megalosauroidea besaßen im Gegensatz zu den zweifingrigen Tyrannosauroidea noch drei Finger an der Vorderhand. Sie gelten als die ersten riesigen Raubdinosaurier der Erdgeschichte.

Die Gattung *Megalosaurus* wurde bereits 1824 von dem englischen Geologen William Buckland (1784–1856) anhand

*Lebensbild des bis zu 13 Meter langen Raubdinosauriers
Tyrannosaurus rex („König der Tyrannen-Echsen").
Bild: Gerhard Boeggemann aus Recke (Kreis Steinifurt)
in Nordrhein-Westfalen*

Lebensbild des bis zu fünf Meter langen Raubdinosauriers Liliensternus aus Deutschland. Zeichnung: Nobu Tamura /
http://spinops.blogspot.com / CC-BY2.5 (via Wikimedia Commons), lizensiert unter Creative-Commons-Lizenz by-2.5,
https://creativecommons.org/licenses/by/2.5/legalcode

Lebensbild des 70 Zentimeter langen Raubdinosauriers Compsognathus aus Bayern. Zeichnung: Nobu Tamura /
http://spinops.blogspot.com / CC-BY2.5 (via Wikimedia Commons), lizensiert unter Creative-Commons-Lizenz by-2.5,
https://creativecommons.org/licenses/by/2.5/legalcode

Kleiner Raubdinosaurier Juravenator aus Bayern in Fundlage.
Foto: Superikonoskop / CC-BY-SA3.0 (via Wikimedia Commons),
lizensiert unter Creative-Commons-Lizenz by-sa-3.0,
https://creativecommons.org/licenses/by-sa/3.0/legalcode

Kleiner Raubdinosaurier Sciurumimus albersdoerferi aus Bayern.
Foto: Toter Alter Mann / CC-BY-SA3.0 (via Wikimedia Commons),
lizensiert unter Creative-Commons-Lizenz by-sa-3.0-de
http://creativecommons.org/licenses/by-sa/3.0/legalcode

Lebensbild von zwei Raubdinosauriern der Gattung Megalosaurus.
Zeichnung: Mariana Ruiz Villarreal (LadyofHats),
(via Wikimedia Commons),
Lizenz: gemeinfrei (Public domain)

von Zähnen und Knochen aus Stonesfield bei Oxford beschrieben. Jene „große fossile Eidechse von Stonesfield" war der erste Dinosaurier, der mit einem Namen (*Megalosaurus bucklandi*) versehen wurde. Die erste Abbildung eines *Megalosaurus*, nämlich einen Oberschenkelknochen, kennt man aus einem Buch des englischen Naturforschers Robert Plot (1640–1696) von 1677. *Megalosaurus* erreichte eine Länge bis zu neun Metern, besaß eine dreifingrige Hand und vier Zehen mit kräftigen Krallen.

Fossile Reste von *Megalosaurus* wurden in etlichen Ländern Europas entdeckt: Schweiz, England, Frankreich, Belgien und Portugal. Ob alle von ihnen tatsächlich von *Megalosaurus* stammen, ist fraglich. Untersuchungen ergaben, dass manche angeblichen „Megalosaurier" gänzlich unterschiedlichen Gattungen angehören.

Eine stammesgeschichtliche Analyse der evolutionären Verwandtschaftsverhältnisse von *Wiehenvenator* ergab, dass dieser Raubdinosaurier zur Großgruppe der Megalosauridae gehörte, deren Artenreichtum in der Mitteljurazeit geradezu explosionsartig zunahm. Damals entstanden alle wichtigen Raubdinosaurier-Gruppen, darunter auch die Tyrannosauroidea, die ungefähr 80 Millionen Jahre später gigantische Formen hervorbrachten. Für dieses rasche Entstehen neuer Arten soll das Aussterben eines Großteils der Raubdinosaurier am Ende der Unterjurazeit den Weg freigemacht haben. Möglicherweise wurde dieses Aussterben aufgrund eines durch Vulkanausbrüche ausgelösten Klimawandels ausgelöst.

Unter allen Raubtierfußdinosauriern hatten die Megalosauroidea in der Mitteljurazeit einen Anteil von 56 Prozent und in der Oberjurazeit einen Anteil von nur 11 Prozent. Unter den großen Raubtierfußdinosauriern ab 250 Kilogramm Gewicht hatten die Megalosauroidea in der Mitteljurazeit einen

Größenvergleich zwischen dem Raubdinosaurier Wiehenvenator und einem Menschen.
Zeichnung: Joschua Knüppe, Ibbenbüren

Anteil von 70 Prozent und in der Oberjurazeit von lediglich 27 Prozent.

Die Erstbeschreiber von Wiehenvenator

Oliver Walter Mischa Rauhut gilt als Dinosaurier-Experte ersten Ranges. Er arbeitet seit 2004 als Kustos für Niedere Wirbeltiere an der „Bayerischen Staatssammlung für Paläontologie und Geologie" in München. Seit 2007 ist er zusätzlich Privatdozent an der Universität München. Sein Forschungsgebiet ist die Landwirbeltierfauna des Erdmittelalters, vor allem die Evolution der Dinosaurier. Rauhut beschrieb als Autor alleine oder teilweise zusammen mit anderen als Co-Autor etliche Dinosaurier, darunter die Raubtierfußdinosaurier (Theropoden) *Suchomimus tenerensis* (1998), *Aviatyrannis jurassica* (2003), *Condorraptor currumili* (2005), *Xinjiangovenator parvus* (2005), *Veterupristisaurus milneri (2011)*, *Sciurumimus albersdoerferi* (2012), *Eoabelisaurus mefi* (2012), *Tachiraptor admirabilis* (2014), *Wiehenvenator albati* (2016), *Ostromia* (2017), *Pandoravenator fernandezorum* (2017), den Elefantenfußdinosaurier (Sauropoden) *Brachytrachelopan mesai* (2005) und den Vogelbeckendinosaurier *Manidens condorensis* (2011). Außerdem beschrieb er den Flugsaurier *Allkaruen koi* (2016), den Urvogel *Alcmonavis poeschli* (2019), die Schuppenechse *Oenosaurus muelheimensis* (2012), den Krokodilianer *Almadasuchus figarii* (2013), den Strahlenflosser *Condorlepis* (2013) und das erste in Südamerika entdeckte fossile Säugetier *Asfaltomylos patagonicus* (2002) aus der Jurazeit.

Klaus-Peter Lanser war bis zum 31. Juli 2016 der Dinosaurier-Experte des „Landschaftsverbandes Westfalen-Lippe" („LWL"). Kollegen/innen bezeichneten ihn scherzhaft als „Indiana Jones von Westfalen". Die Zeitung „Westfalenpost" nannte ihn 2016

Paläontologe Achim Schwermann,
seit 2017 Ausgräber im Dinosaurierfriedhof bei Balve.
Foto: LWL-Museum für Naturkunde / C.Steinweg

„Jäger der verlorenen Schätze". Sein Nachfolger wurde im Frühjahr 2016 der Paläontologe Achim Schwermann. Lanser leitete 1985 für das „Westfälische Museum für Naturkunde", Münster („WMfN") die zweite Grabung in einem Steinbruch des Wiehengebirges, in dem man 1982 das vermeintliche Schwanzstachelfragment des Stegosauriers *Lexovisaurus* entdeckt zu haben glaubte. Von Oktober 1998 bis Oktober 2001 leitete er die Grabung in einem Steinbruch im Wiehengebirge, in dem im Oktober 1998 drei Zähne eines Raubdinosauriers geborgen wurden, der später den Namen *Wiehenvenator* erhielt. Von 2002 bis 2016 grub er in einem Steinbruch bei Balve im nördlichen Sauerland einen Dinosaurierfriedhof aus. Dort hatte 2000 der Mineraliensammler Paul Heins aus Arnsberg-Neheim Zähne des bis zu zehn Meter langen und maximal 2,70 Meter hohen pflanzenfressenden Dinosauriers *Iguanodon* („Leguanzahn") gefunden. In einem Schacht mit 35 Metern Durchmesser und mehr als fünf Metern Tiefe entdeckte Lanser fossile Reste von Dinosauriern, darunter Vogelbeckensaurier (Saurischier) und Echsenbeckensaurier (Ornithischier). Außerdem wies man bisher bei Balve im Hönnetal fossile Fische (darunter Haie), Amphibien, Eidechsen, Schildkröten, Krokodile, Zähne von Flugsauriern (28 Exemplare bis 2015) und ein hasenähnliches Säugetier aus der Unterkreidezeit vor etwa 130 Millionen Jahren nach.

2017 setzte Achim Schwermann, der neue Wirbeltier- und Dinosaurierexperte des „Landschaftsverbandes Westfalen-Lippe", die Grabungen bei Balve fort. Der Schacht bei Balve könnte einst eine mit Süßwasser gefüllte Tränke und in der küstennahen Seenlandschaft eine natürliche Falle für die Tiere gewesen sein.

Tom R. Hübner interessiert sich vor allem für die Biologie und Evolution von Dinosauriern, insbesondere Ornithopoden

Lebensbild von Dinosauriern der Gattung Iguanodon
aus der Kreidezeit in Deutschland.
Bild: Gemälde von Fritz Wendler (1941–1995)
für das Buch „Deutschland in der Urzeit" (1986)
von Ernst Probst

(Vogelfüßer), sowie für die Entwicklung terrestrischer Öko-systeme im Erdmittelalter, insbesondere in der Jurazeit. Er war an Ausstellungsprojekten für die „Senckenberg Naturhi-storischen Sammlungen Dresden," das „LWL-Museum für Naturkunde" in Münster und für das „Paläon – Forschungs-und Erlebniszentrum Schöninger Speere" beteiligt.

Den Paläontologen Klaus-Peter Lanser zog es auch im Ruhe-stand immer wieder in den Steinbruch im Wiehengebirge, in dem der Raubdinosaurier *Wiehenvenator* entdeckt worden ist. Er hoffte, das Erdreich an den steilen Hängen könne wetter-bedingt freigelegt werden und einen weiteren bedeutenden Fund ans Tageslicht bringen. Am 3. Oktober 2014 war wenige hundert Meter von der alten Grabungsstelle der Schädel eines Meereskrokodiles der Gattung *Metriorhynchus* entdeckt wor-den.

Der Orginalfund des Raubdinosauriers *Wiehenvenator albati* hat im „LWL-Museum für Naturkunde" in Münster eine neue Heimat gefunden. Die Knochen und Zähne des „Jägers aus dem Wiehengebirge" sind in der Dauerausstellung „Dinosaurier – Die Urzeit lebt!" zu bewundern.

Das Wiehengebirge mit seinen Steinbrüchen erweist sich immer mehr als ein Paradies für Paläontologen. „Wir sind hier immer wieder tätig. Überall, wo man in die Erde hineinschauen kann, haben wir ein Auge drauf", erklärte die Pressebeauftragte vom „Landschaftsverband Westfalen-Lippe" („LWL"), Bianca Fialla, im September 2016 gegenüber den „Westfälischen Nach-richten".

*Fundsituation des Raubdinosauriers Wiehenvenator albati
in einem Steinbruch im Wiehengebirge unweit von Minden
in der Dauerausstellung „Dinosaurier – Die Urzeit lebt!"
im „LWL-Museum für Naturkunde" in Münster.
Foto: LWL-Museum für Naturkunde / Steinweg*

Lebensbild des Raubdinosauriers Wiehenvenator albati.
Zeichnung: I do dinosaurs / CC-BY-SA4.0 (via Wikimediia Commons),
lizensiert unter Creative-Commons-Lizenz by-sa-4.0,
https://creativecommons.org/licenses/by-sa/4.0/legalcode

Lebensbild des Meereskrokodils Metriorhynchus,
von dem 2014 im Wiehengebirge ein Schädel entdeckt wurde.
Zeichnung: Dmitry Bogdanov, Chelyabinsk, Russland / CC-BY3.0
(via Wikimedia Commons),
lizensiert unter Creative-Commons-Lizenz by-3.0,
https://creativecommons.org/licenses/by/3.0/legalcode

Lebensbild von Dinosauriern der Gattung Plateosaurus
aus der Triaszeit in Deutschland.
Bild: Gemälde von Fritz Wendler (1941–1995)
für das Buch „Deutschland in der Urzeit" (1986)
von Ernst Probst

Dinosaurier in Deutschland

1834: Entdeckung des ersten Dinosauriers *(Plateosaurus engelhardti)* in Franken
1837: Hermann von Meyer beschreibt *Plateosaurus engelhardti* aus Franken
um 1840: Wilhelm Dunker entdeckt bei Obernkirchen (Niedersachsen) einen Zahn des Leguanzahndinosauriers *Iguanodon*
1857: Hermann von Meyer beschreibt *Stenopelix valdensis* aus den Bückebergen (Niedersachsen)
1859: Andreas Wagner beschreibt *Compsognathus longipes* aus Kelheim oder Jachenhausen bei Riedenburg (Bayern)
1861: Hermann von Meyer bezeichnet eine 1860 in Solnhofen entdeckte Feder als *Archaeopteryx lithographica*.
1861 findet man bei Langenaltheim das erste Skelettexemplar eines Urvogels, den man ebenfalls *Archaeopteryx* zurechnet. *Archaeopteryx* gilt heute als Raubdinosaurier.
1879–1881: Erste Fährtenfunde in den Bückebergen und den Rehburger Bergen (Niedersachsen)
1904: Erste Knochenfunde in Trossingen (Baden-Württemberg)
1908: Friedrich von Huene beschreibt *Sellosaurus gracilis* (heute: *Plateosaurus gracilis) und Halticosaurus longotarsus* (heute: *Liliensternus liliensterni)*
1909: *Procompsognathus* wird am Nordhang des Stromberges bei Pfaffenhofen (Baden-Württemberg) entdeckt; der Schüler Hermann Weiß entdeckt Plateosaurierknochen in Trossingen;
erste Dinosaurierskelettfunde in Halberstadt (Sachsen-Anhalt)

1910: Die Grabungen in Halberstadt beginnen
1911: Wichtige Fährtenfunde im Keuper Württembergs
1911–1912: Erste Trossinger Grabung
1913: Eberhard Fraas beschreibt *Procompsognathus triassicus*
vom Nordhang des Stromberges bei Pfaffenhofen (Baden-
Württemberg)
1921: Die Barkhausener Dinosaurierfährten (Niedersachsen)
werden entdeckt
1921–1923: Zweite Trossinger Grabung
1932: Dritte Trossinger Grabung. Bei insgesamt sechs
Grabungen werden Reste von fast 100 Plateosauriern
geborgen
1932/1933: Hugo Rühle von Lilienstern gräbt am Großen
Gleichberg in Thüringen zwei Skelette von *Plateosaurus* und
zwei weitere von *Liliensternus* (früher *Halticosaurus*) aus
1934: Willi Weiss entdeckt in Franken die Fährte
Coelurosaurichnus schlauersbachensis
1948: Die Fährte *Coelurosaurichnus (Dinosaurichnium) moeni*
wird beschrieben
1950: Karl Beurlen beschreibt die Fährte *Coelurosaurichnus
kehli;*
Kurt Rehnelt beschreibt die Fährten *Coelurosaurichnus
schlehenbergensis* und *Coelurosaurichnus kronbergeri*
1952: Florian Heller beschreibt die Fährte *Coelurosaurichnus
metzneri,* die ab 1986 der Fährtengattung *Atreipus* zugerechnet
wird
1958: Oskar Kuhn beschreibt zwei Dinosaurierfährten aus
Franken: *Coelurosaurichnus ziegelangerensis* und *Coelurosaurichnus
sassendorfensis*
1963: Der gepanzerte Dinosaurier *Emausaurus* wird in einer
Tongrube bei Greifswald (Mecklenburg-Vorpommern)
entdeckt

1975: Erste Dinosaurierknochen aus Nehden bei Brilon (Nordrhein-Westfalen) tauchen auf

1978: Rupert Wild beschreibt *Ohmdenosaurus liasicus* aus der Gegend von Ohmden (Baden-Württemberg)

1979: Die Münchehagener Dinosaurierfährten werden entdeckt

1979–1982: Ausgrabungen in Nehden mit großartigen Funden der Leguanzahndinosaurier *Iguanodon atherfieldensis* und *Iguanodon bernissartensis*

1982: Im Wiehengebirge (Nordrhein-Westfalen) wird ein vermeintliches Schwanzstachelfragment des Stegosauriers *Lexovisaurus* entdeckt, das 2010 als Rest des Riesenfisches *Leedsichthys* identifiziert wird; Kurt Rehnelt beschreibt die Fährte *Coelurosaurichnus arntzeniusi*

1988: Im Stromberg bei Pfaffenhofen (Baden-Württemberg) kommt die Fährte eines *Procompsognathu*s ähnelnden Raubdinosauriers samt Hautabdruck zum Vorschein

1989: In Baden-Württemberg wird anhand einer Fährte ein weiterer Raubtierfußdinosaurier (Theropode) nachgewiesen, der *Syntarsus* gleicht

1990: Der gepanzerte Dinosaurier *Emausaurus ernsti* aus einer Tongrube bei Greifswald (Mecklenburg-Vorpommern) wird von Hartmut Haubold beschrieben

1991: Neue Fährtenfunde eines großen Raubtierfußdinosauriers in Baden-Württemberg

2004: Bei Grabungen in einem Steinbruch bei Balve im Hönnetal im nördlichen Sauerland (Nordrhein-Westfalen) werden Knochen und Zähne von Dinosauriern geborgen

2004: In Münchehagen (Niedersachsen) werden nahe der 1979 entdeckten alten Fundstelle weitere Dinosaurierfährten gefunden

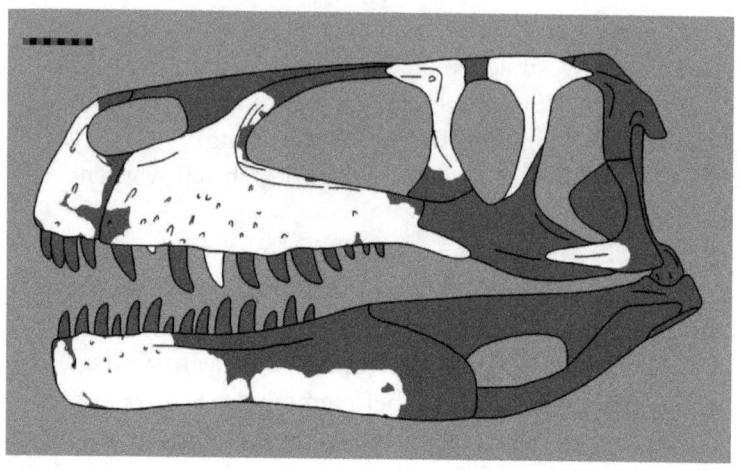

Rekonstruierter Schädel des Raubdinosauriers Wiehenvenator albati.
Bild: IJReid / CC-BY4.0 (via Wikimedia Commons),
lizensiert unter Creative-Commons-Lizenz by-4.0,
https://creativecommons.org/licenses/by/4.0/legalcode

2006: P. Martin Sander, Octávio Mateus, Thomas Laven und Nils Knötschke beschreiben den Elefantenfußdinosaurier *Europasaurus holgeri* aus dem Kalksteinbruch Langenberg bei Göttingerode (Niedersachsen). Der Artname erinnert an den Entdecker Holger Lüdtke

2006: Ursula B. Göhlich und Louis M. Chiappe beschreiben den 1998 in Schamhaupten bei Eichstätt (Bayern) entdeckten Raubdinosaurier *Juravenator starki*

2007: Die Dinosaurierfährten von Obernkirchen (Niedersachsen) werden entdeckt

2012: Oliver Rauhut, Christian Foth, Helmut Tischlinger und Mark A. Norell beschreiben den 2009 oder 2010 bei Painten unweit von Kelheim (Bayern) ausgegrabenen Raubdinosaurier *Sciurumimus albersdoerferi*

2016: Oliver Rauhut, Tom R. Hübner und Klaus-Peter Lanser beschreiben den 1998 von dem Geologen Friedrich Albat im Wiehengebirge bei Minden (Nordrhein-Westfalen) entdeckten Raubdinosaurier *Wiehenvenator albati*

2017: Oliver Rauhut und Christian Foth identifizieren ein 1855 in Jachenhausen bei Riedenburg (Bayern) geborgenes Fossil als Raubdinosaurier und nennen es *Ostromia crassipes*. Vorher galt dieser Fund, der im „Teylers Museum" in Haarlem (Niederlande) aufbewahrt wird, als Urvogel.

2022: Ingmar Werneburg und Omar Regalado Fernandez beschrieben eine 1922 von Friedrich von Huene bei Trossingen entdeckte, *Plateosaurus* zugeschriebene und in der Paläontologischen Sammlung der Universität Tübingen aufbewahrte Hüfte als neue Gattung und Art namens *Tuebingosaurus maierfritzorum*.

Literatur

BAKER, Martin (2016). Endlich: Das Monster von Minden hat einen Namen.
http://scienceblogs.de/hier-wohnen-drachen/2016/09/07/endlich-das-monster-von-minden-hat-einen-namen/
BILLIG, Michael: Joschua Knüppe zeichnet Urzeittiere und unterstützt damit die Forschung. *Osnabrücker Zeitung*, 26. März 2016, Osnabrück.
DINODATA.DE: *Wiehenvenator albati.*
dinodata.de/animals/dinosaurs/pages_w/wiehenvenator.php
DINOSAURIER.ORG EIN BLICK IN DIE ERDGESCHICHTE: Saurier im Sauerland: Friedhof mit sechs Gattungen gefunden
http://www.dinosaurier.org/2004/07/06/saurier-im-sauerland-friedhof-mit-sechs-gattungen-gefunden/
FASEL, Andreas (2007): Westfalen ist ein Dinoland. *Die Welt*, 25. August 2007
https://www.welt.de/regionales/nrw/article1134369/Westfalenland-ist-ein-Dinoland.html
FERNÁNDEZ, Omar Rafael Regalado / WERNEBURG, Ingmar: A new massopodan sauropodomorph from Trossingen Formation (Germany) hidden as „*Plateosaurus*" for 100 years in the historical Tübingen collection. In: *Vertebrate Zoology* 72: S. 771–822, 2022.
HYNA, Claudia (2016): Eine Fundgrube für Forscher. Wiehengebirge als wichtiges Grabungsfeld: Vor zwei Jahren wurde der Schädel eines Meereskrododils gefunden, 2. September 2016.
LANSER, Klaus-Peter (1999): Der Fund eines Carnosauriers

im Wiehengebirge. In: *Paläontologie Aktuell,* Heft 39, Mai 1999.

LANSER, Klaus-Peter (2000): Neue Dinosaurierfunde im Wiehengebirge. In: *Paläontologie Aktuell,* Heft 41, Mai 2000.

LANSER, Klaus-Peter (2015): Nachweise von Pterosauriern aus einer unterkreidezeitlichen Karstfüllung im nördlichen Sauerland (Rheinisches Schiefergebirge, Deutschland). In: *Geologie und Paläontologie in Westfalen,* 87, S. 93–117, Münster.

LANSER, Klaus-Peter / HEIMHOFER, Ulrich (2013): Evidence of theropod dinosaurs from a Lower Cretaceous karst filling in the northern Sauerland (Rhenish Massif, Germany). In: *Paläontologische Zeitschrift* 89: S. 79–94, Berlin, Heidelberg.

LWL-NEWSROOM: Raubsaurier – Der Erste seiner Art. Größter Raubsaurier in Deutschland hat jetzt einen Namen https://www.lwl.org/pressemitteilungen/ nr_mitteilung.php?urlID=39923

MINDENER TAGEBLATT (2016): Das Monster hat einen Namen. Der Wiehenvenator albati ist der größte Raubsaurier, der je in Deutschland gefunden wurde. 18 Jahre nach der Entdeckung versteinerter Knochen im Wiehengebirge wurde er als erste Spezies einer unbekannten Gattung klassifiziert, 2. September 2016.

OVERKOTT, Jürgen (2016): Balve war vor 130 Millionen Jahren ein Jurassic Park. *Westfalenpost,* 30. Juni 2016. https://www.wp.de/staedte/balve/balve-war-vor-130-millionen-jahren-ein-jurassic-park-id11964087.html

RAUHUT, Oliver et. al (2015) : A new theropod dinosaur from the late Middle Jurassic of Germany and theropod faunal turnover during the Jurassic. *Libro de resúmenes del V Congreso Latinoamericano de Paleontología de Vertebrados.* 62.

RAUHUT, Oliver / HÜBNER, Tom R. / LANSER, Klaus-Peter (2016): A new megalosaurid theropod dinosaur from the late Middle Jurassic (Callovian) of north-western Germany: Implications for theropod evolution and faunal turnover in the Jurassic. In: *Palaeontologia Electronica* 19.229A; S. 1–65 palaeo-electronica.org/content/2016/1536-german-jurassic-megalosaurid

SCHULZ, Matthias (1999): Goldzilla im Schlick. *Spiegel-Online*, 22. März 1999, Hamburg. https://www.spiegel.de/spiegel/print/d-10246287.html

WESTFÄLISCHE NACHRICHTEN (2016): „Monster von Minden" als neue Raubsaurier-Spezies bestätigt https://www.wn.de/Muensterland/2016/09/2515455-Ausstellung-im-Naturkundemuseum-Muenster-Monster-von-Minden-als-neue-Raubsaurier-Spezies-bestaetigt

WIKIPEDIA (Online-Lexikon): Oliver Rauhut https://de.wikipedia.org/wiki/Oliver_Rauhut

WIKIPEDIA (Online-Lexikon): *Wiehenvenator* http://de.wikipedia.org/wiki/Wiehenvenator

WINDOLF, Raymund: Jurassic Park Deutschland. *National Geographic*, November 1999.

ZEIBIG, Daniela (2016): Was ist das „Monster von Minden"? In: *Spektrum der Wissenschaft*, 2. September 2016

Der Autor

Ernst Probst, 1946 in Neunburg vorm Wald (Oberpfalz) geboren, war von 1973 bis 2001 verantwortlicher Redakteur bei der „Allgemeinen Zeitung" in Mainz und betätigte sich in seiner Freizeit als Wissenschaftsautor. Ab 1977 beschäftigte er sich mit der Erdgeschichte Deutschlands, zunächst als Fossiliensammler im Mainzer Becken, später als Verfasser von Artikeln für Tages- und Wochenzeitungen in Deutschland, Österreich und der Schweiz. Die „Welt" nannte sein 1986 erschienenes Buch „Deutschland in der Urzeit" ein „Glanzstück deutscher Wissenschaftspublizistik". Bis heute veröffentlichte er mehr als 300 Bücher, Taschenbücher und Broschüren aus den Themenbereichen Paläontologie, Kryptozoologie, Archäologie und Geschichte.

Bücher von Ernst Probst

(Auswahl)

Die Saalemündungs-Gruppe
Die Lausitzer Kultur in Deutschland
Die Dolchzahnkatze Megantereon
Die Dolchzahnkatze Smilodon
Die Säbelzahnkatze Homotherium
Die Säbelzahnkatze Machairodus
Die Schweiz in der Frühbronzezeit
Die Rhône-Kultur in der Westschweiz
Die Arbon-Kultur in der Schweiz
Die Schweiz in der Mittelbronzezeit
Die Schweiz in der Spätbronzezeit
Deutschland in der Urzeit. Von der Entstehung des Lebens
bis zum Ende der Eiszeit
Deutschland in der Steinzeit. Jäger, Fischer und Bauern
zwischen Nordseeküste und Alpenraum
Deutschland in der Bronzezeit. Bauern, Bronzegießer und
Burgherren zwischen Nordsee und Alpen
Dinosaurier in Deutschland (zusammen mit Raymund
Windolf)
Dinosaurier von A bis K. Von Abelisaurus bis zu
Kritosaurus
Dinosaurier von L bis Z. Von Labocania bis zu Zupaysaurus
Dinosaurier in Bayern. Von Cetiosauriscus bis zu
Sciurumimus
Der rätselhafte Spinosaurus. Leben und Werk des Forschers
Ernst Stromer von Reichenbach
Compsognathus. Der Zwergdinosaurier aus Bayern
Plateosaurus. Der Deutsche Lindwurm
Liliensternus. Ein Raubdinosaurier aus der Triaszeit
Eiszeitliche Geparde in Deutschland
Eiszeitliche Leoparden in Deutschland
Höhlenlöwen. Raubkatzen im Eiszeitalter

Johann Jakob Kaup. Der große Naturforscher aus
Darmstadt
Monstern auf der Spur. Wie die Sagen über Drachen, Riesen
und Einhörner entstanden
Neues vom Ur-Rhein. Interview mit dem Geologen und
Paläontologen Dr. Jens Sommer
Österreich in der Frühbronzezeit
Österreich in der Mittelbronzezeit
Österreich in der Spätbronzezeit
Raub-Dinosaurier von A bis Z. Mit Zeichnungen von
Dmitry Bogdanav und Nobu Tamura
Rekorde der Urmenschen. Erfindungen, Kunst und Religion
Rekorde der Urzeit. Landschaften, Pflanzen und Tiere
Säbelzahnkatzen. Von Machairodus bis zu Smilodon
Säbelzahntiger am Ur-Rhein. Machairodus und
Paramachairodus
Was ist ein Menhir? Interview mit dem Mainzer Archäologen
Dr. Detert Zylmann
Wer ist der kleinste Dinosaurier? Interviews mit dem
Wissenschaftsautor Ernst Probst
Wer war der Stammvater der Insekten? Interview mit dem
Stuttgarter Biologen und Paläontologen Dr. Günther Bechly
Kastel in der Vorzeit. Von der Jungsteinzeit bis Christi
Geburt
Kostheim in der Vorzeit. Von der Jungsteinzeit bis Christi
Geburt
Die Altsteinzeit. Eine Periode der Steinzeit in Europa vor
etwa 1.000.000 bis 10.000 Jahren
Anno. 1.000.000. Deutschland in der älteren Altsteinzeit
Wiesbaden in der Steinzeit. Von Eiszeit-Jägern zu frühen
Bauern
Österreich in der Altsteinzeit. Vor 250.000 bis 10.000 Jahren

Das Protoacheuléen. Eine Kulturstufe der Altsteinzeit vor
etwa 1,2 Millionen bis 600.000 Jahren
Das Altacheuléen. Eine Kulturstufe der Altsteinzeit vor
etwa 600.000 bis 350.000 Jahren
Das Jungacheuléen. Eine Kulturstufe der Altsteinzeit vor
etwa 350.000 bis 150.000 Jahren
Das Moustérien. Die große Zeit der Neanderthaler
Das Moustérien in Österreich. Eine Kulturstufe der
Altsteinzeit
Das Aurignacien. Eine Kulturstufe der Altsteinzeit vor etwa
35.000 bis 29.000 Jahren
Das Aurignacien in Österreich. Eine Kulturstufe der
Altsteinzeit
Das Gravettien. Eine Kulturstufe der Altsteinzeit vor etwa
28.000 bis 21.000 Jahren
Das Gravettien in Österreich. Eine Kulturstufe der
Altsteinzeit
Das Magdalénien. Die Blütezeit der Rentierjäger vor etwa
15.000 bis 11.500 Jahren
Das Magdalénien in Österreich. Eine Kulturstufe der
Altsteinzeit
Die Federmesser-Gruppen. Eine Kulturstufe der Altsteinzeit
vor etwa 12.000 bis 10.700 Jahren
Die Mittelsteinzeit. Eine Periode der Steinzeit vor etwa 8.000
bis 5.000 v. Chr.
Die Mittelsteinzeit in Baden-Württemberg
Die Mittelsteinzeit in Bayern
Die Mittelsteinzeit in Nordrhein-Westfalen
Die Jungsteinzeit. Eine Periode der Steinzeit vor etwa 5.500
bis 2.300 v. Chr.
Die ersten Bauern in Deutschland. Die
Linienbandkeramische Kultur (5.500 bis 4.900 v. Chr.)

Die Ertebölle-Ellerbek-Kultur. Eine Kultur der
Jungsteinzeit vor etwa 5.000 bis 4.300 v. Chr.
Die Stichbandkeramik. Eine Kultur der Jungsteinzeit vor
etwa 4.900 bis 4.500 v. Chr.
Die Hinkelstein-Gruppe. Eine Kulturstufe der Jungsteinzeit
vor etwa 4.900 bis 4.800 v. Chr.
Die Rössener Kultur. Eine Kultur der Jungsteinzeit vor etwa
4.600 bis 4.300 v. Chr.
Die Baalberger Kultur. Eine Kultur der Jungsteinzeit vor
etwa 4.300 bis 3.700 v. Chr.
Die Michelsberger Kultur. Eine Kultur der Jungsteinzeit vor
etwa 4.300 bis 3.500 v. Chr.
Die Kupferzeit. Wie die ersten Metalle in Mitteleuropa
bekannt wurden
Pfahlbauten in Süddeutschland. Dörfer der Jungsteinzeit und
Bronzezeit an Seen, Mooren und Flüssen
Die Salzmünder Kultur. Eine Kultur der Jungsteinzeit vor
etwa 3.700 bis 3.200 v. Chr.
Die Wartberg-Kultur. Eine Kultur der Jungsteinzeit vor etwa
3.500 bis 2.800 v. Chr.
Die Chamer Gruppe. Eine Kulturstufe der Jungsteinzeit vor
etwa 3.500 bis 2.700 v. Chr.
Die Walternienburg-Bernburger Kultur. Eine Kultur der
Jungsteinzeit vor etwa 3.200 bis 2.800 v. Chr.
Die Kugelamphoren-Kultur. Eine Kultur der Jungsteinzeit
vor etwa 3.100 bis 2.700 v. Chr.
Die Schnurkeramischen Kulturen. Kulturen der
Jungsteinzeit vor etwa 2.800 bis 2.400 v. Chr.
Die Glockenbecher-Kultur. Eine Kultur der Jungsteinzeit
vor etwa 2.500 bis 2.200 v. Chr.